MÉMOIRE

RELATIF *à la possibilité de garantir des inondations de la Saone, les Prairies de la Bresse, comprises entre la riviere de Seille & le Bief d'Avanon, en conservant cependant les moyens de les arroser à volonté.*

LES Prairies de la Bresse, comprises entre la riviere de Seille & le Bief d'Avanon, contiennent environ trente-cinq mille arpents de Paris, ou cent quatre-vingt-un mille coupées de Bresse.

CES Prairies font connues fous les noms de Sermoyer, d'Arbigny, de Chézy, Saint-Bénigne, Chamarande, Pontdevaux, Davilès, Boz, Ozan, de Manziat, Fines, Feuillens, Replonge, Saint-Laurent-lez-Mâcon, Crotet, Griege, & Cormaranche.

PLUSIEURS d'entr'elles font, pour ainfi dire, réduites en Marais (1), & toutes font en outre plus ou moins inondées chaque année, foit avant, ou après les récoltes, foit au temps des récoltes, & prefque toujours pendant plufieurs mois d'hyver. L'opinion générale fait regarder ces dernieres inondations comme très-utiles; mais on ne contefte point que les autres foient fi nuifibles, & fi dangereufes, qu'il en réfulte fouvent la perte des récoltes, & toujours une diminution confidérable dans leur produit.

---

(1) On entend par marais, les prairies qui ne produifent que des rofeaux, des carrés, de la prèle, ou en général de mauvais foins.

(2)

INDÉPENDAMMENT de ces Prairies, il y a au moins quarante-mille coupées des plus excellentes terres labourables, fujettes aux mêmes inondations, inondations qui leur font nuifibles en tout temps, & jamais profitables, même fuivant l'opinion ; de forte que l'efpérance du laboureur s'évanouit fouvent dès le moment où le bled eft hors de terre, fi les crûes d'hyver font ou un peu plus qu'ordinaires, ou fi elles durent quelque temps.

CEPENDANT les eaux font-elles retirées, il cherche à remplacer par des menus grains, connus fous le nom de Mars, la récolte de froment qu'il a perdue ; & cette deuxieme vient-elle à lui échapper par une nouvelle inondation furvenue à l'inftant des moiffons, il ne lui refte plus que la reffource des raves, ou du bled noir ; il eft même quelquefois arrivé, par une fuite de la fatalité, que cette troifieme récolte a fubi le fort des deux pre-mieres. On doit néanmoins obferver qu'on tire généralement des terres de ce canton, deux récoltes par année ; favoir, une de froment, & l'autre de bled noir ; la couche de la terre végé-tale ayant d'ailleurs plus de trois pieds d'épaiffeur, elle rend ordinairement de 12 à 20 & 25 pour un, produit qui paroîtroit exagéré, fi l'on ne réfléchiffoit que dans ce Mémoire, où l'on a à combattre l'opinion, il faut lui oppofer les feules armes de l'évidence.

CET exceffif produit de ces terres labourables fait fans doute regretter de voir une étendue de Prairies immenfes, dont le fol eft le même, deftinées par leurs pofitions à une fimple pro-duction naturelle. A la vérité, cette production eft certainement très-utile, parce que l'induftrie, toujours active, cherche à tirer le parti le plus avantageux de ce qu'on lui préfente ; mais on ne peut le comparer à celui qu'elle retireroit, fi, maitreffe de difpofer des terreins inondés, elle pouvoit à fon gré les changer en terres labourables, ou les remettre en prés.

CETTE grande vérité fi utile, ne peut être bien fentie que par ceux qui ont réfléchi fur l'agriculture, & fi elle étoit conteftée, on pourroit répondre : les Prairies de la Breffe ne fe font point augmentées depuis un temps immémorial ; au contraire, plufieurs parties ont été converties en terres labourables : donc les Prairies en général ne préfentent pas le même avantage que les terres labourables, dont l'accroiffement eft prouvé par les 40 mille coupées mentionnées ci-deffus.

UNE fimple réflexion peut conduire également au moyen d'apprécier le bénéfice que les Prairies de Breffe procureroient en les mettant à l'abri des inondations. En effet, toutes les Prairies qui ne font point inondées, valent le double des autres, ou au moins les deux tiers en fus ; donc, fi on mettoit les premieres à l'abri des inondations, elles doubleroient de valeur, puifqu'on n'a point ici à oppofer la différence de la nature du fol. Cela eft évident.

SI l'on eft accoutumé à lire dans le grand livre de la nature, en embraffant les divers fyftêmes de la formation du globe, on peut vérifier que les Prairies de la Breffe font un réfultat des dépôts fucceffifs de la Saone ; cette riviere s'étant jettée infenfiblement du côté du Mâconnois, en s'éloignant de la digue qu'elle s'étoit elle-même formée. Le nivellement de ces Prairies démontre cette vérité que l'œil du Phyficien avoit déjà apperçue.

MAIS il fe préfente une obfervation non moins importante ; les Prairies qui ne font point fujettes aux inondations, valant le double des Prairies inondées, n'ont point l'avantage de pouvoir

(4)

être fertilifées par des arrofemens ; elles augmenteroient cependant encore de valeur en raifon de ce nouvel avantage. Ce fait eft également évident.

On doit donc défirer qu'il foit poffible de garantir de toutes inondations, les prairies de la Breffe, & de leur procurer la faculté de les arrofer. Je me fuis occupé de ce projet important dont je développerai le travail à la Province, à fa premiere réquifition. Elle fera fans doute frappée en le parcourant, & de fa grandeur, & de la fimplicité des moyens. Qu'elle ne s'effraye donc point en imaginant qu'il eft queftion de ces dépenfes extraordinaires, qui rendent impoffibles les projets les plus utiles ; je crois m'être affuré que l'exécution du projet que je préfente n'excédera pas quatre cent cinquante mille livres, compris les ouvrages d'art. A la vérité, je réclame une récompenfe propor-tionnée à la grandeur de l'entreprife & des bénéfices qu'elle annonce, bénéfices qu'on ne peut eftimer moins d'un million par an.

En effet, nous avons dit que l'étendue de ces prairies étoit de 181,000 coupées ; chaque coupée produit au moins 15 livres de rente, fur lefquelles il faut prélever les impofitions, les frais de récolte, &c. Suppofons le produit réduit à 7 liv. 10 fols par coupée, on aura pour les 181,000, un million trois cent cinquante-fept-mille cinq-cent livres. Mais ce même produit aujourd'hui fi incertain, non-feulement peut-être affuré ; mais porté au double, puifqu'il n'y a point de raifon pour croire que ces mêmes Prairies ne deviendroient point égales en valeur aux Prairies qui aujourd'hui ne font point inondées. On apperçoit donc un bénéfice très-réel de plus d'un million.

Ce n'eft pas tout. Ces prairies dans lefquelles eft établi le droit de parcours, produifent très-peu de fecond foin. Par une fuite du projet, & fur-tout par les arrofemens propofés, la deuxieme récolte fera peut-être auffi abondante que la premiere ; on pourroit donc encore raifonnablement eftimer ce produit un autre million. Enfin, les beftiaux qui vont paître dans ces prairies, font nourris dans les étables, pendant les temps des crûes de la Saone ; & ces crûes durent moyennement deux mois par année, & peut-être trois ; ne comptons que deux mois, c'eft au moins un fixieme de confommation du produit des Prairies d'économifé, pour ne pas dire un quart. On apperçoit donc combien l'on craint le reproche de l'exagération, en ne fixant le bénéfice du projet qu'à un feul million : mais au moins ce bénéfice ne peut-il être contefté.

Si quelqu'un, étonné de la hardieffe de ma demande, étoit tenté d'élever la voix contre ce projet, qu'il veuille bien réfléchir, que, fi on venoit lui propofer plus d'un million de revenu le plus folidement hypothéqué, à la charge de payer comptant 100 mille écus à celui qui lui indiqueroit les moyens de fe le procurer, il ne feroit fûrement pas affez ennemi de lui-même pour rejetter une telle propofition.

Après avoir établi les avantages qui réfulteroient pour les particuliers propriétaires des Prairies de Breffe, du projet de les garantir des inondations de la Saone, je vais préfenter ceux qu'en retireroit la Province en général.

Les Ponts de la levée de Saint-Laurent-lez-Mâcon feroient fupprimés par une fuite néceffaire du même projet, & conféquemment l'entretien & la réconftruction de ces ponts, dont les murs en aïle, les parapets & les radiers font dans un tel état de dépériffement, qu'il eft indifpenfable de s'en occuper inceffamment.

La fuppreffion de ces ponts, en y comprenant le produit de la vente des matériaux qui proviendroient de leur démolition, offre une épargne, & conféquemment un bénéfice pour la province, au moins de deux-cent mille livres. (1)

La néceffité de conftruire des places ou marchés à Saint-Laurent-lez-Mâcon, intéreffe fi fort le général de la Province, que je ne m'arrêterai point à le démontrer.

Par l'exécution du projet qui regarde les prairies, ces places fe trouveroient conftruites en partie, & fi la Province adoptoit le plan que je lui mettrai fous les yeux, il lui refteroit fort peu à dépenfer pour former de Saint - Laurent, un des marchés les plus importants du Royaume, étant naturel d'imaginer que ce marché deviendroit l'entrepôt des Provinces méridionales de la France, & particuliérement de la Ville de Lyon. Cette obferva-tion eft d'autant plus probable, que la Saone eft toute l'année navigable dans cette partie, avantage dont ne jouiffent point les places d'Auxonne & de Gray. Une conftruction très-importante, élevée en 1779 par un Négociant à Saint-Laurent, annonce d'ail-leurs indubitablement que le commerce attend pour s'y fixer, l'in-ftant heureux où la Province de Breffe lui aura procuré les com-modités indifpenfables.

---

(1) Par la vente des matériaux provenant de la démolition des Ponts, on doit entendre l'emploi qu'on en pourroit faire aux réparations des chemins. En effet, on fait que ces matériaux feroient fur-tout le plus utilement employés dans la partie de la route de Bourg à Mâcon, comprife entre la Madeleine & l'em-branchement de Pont-de-Veyle, dont l'entretien eft fi coûteux & fi difficile, foit à caufe de la qualité du fol, ou de l'éloignement de toutes efpeces de matieres pro-pres à le confolider. On apperçoit donc comment il eft poffible que les matériaux de la démolition des Ponts de Saint-Laurent puiffent furpaffer de beaucoup en valeur, des matériaux neufs, puifqu'on n'auroit point de broiement à faire de la plus grande partie des pierres, & que le tranfport en feroit diminué de plus de 1500 toifes réduites.

TEL est le vaste projet, si utile, & si peu dispendieux, dont j'offre les détails. Puissent Messieurs les Administrateurs actuels de la Bresse, y voir encore un monument de gloire, seul dédommagement que je me croye permis de leur présenter.

LES opérations à faire sur le terrein, pour être à même d'en dresser le devis, exigent plus d'une campagne, & en général la confection du projet, pour pouvoir en donner l'adjudication, au moins dix-huit mois de travail assidu. Il n'est donc gueres possible de songer à son exécution avant 1783. Cette observation doit conduire à penser, combien seroient nuisibles les discussions qui pourroient naître de réflexions hasardées, fussent-elles dictées par le zele le plus digne de louange, puisqu'il suivroit nécessairement de ces réflexions, le retard de l'exécution d'un projet dont les bénéfices sont démontrés ; conséquemment une perte réelle de ces bénéfices, bien autrement importante que les légéres économies dont on pourroit s'occuper ; d'où l'on doit conclure combien il est avantageux de me mettre à même de commencer incessamment ce travail préliminaire indispensable, les dispositions une fois agréés d'après l'examen des moyens que je soumettrai à toutes les Académies de l'Europe.

Ce 25 Janvier 1781.

DEPUIS LA PUBLICATION de ce Mémoire, ayant été engagé par MM. les Administrateurs de la Province de Bresse, de rédiger une partie du projet pour rendre les moyens plus sensibles. J'ai choisi la partie comprise entre la Seille & la Reyssouse. Cette partie contient environ quarante-cinq mille coupées, & forme un peu plus du quart du projet général. Le détail estimatif des ouvrages à faire pour procurer les avantages annoncés, ne monte qu'à cent dix mille livres, en y comprenant vingt mille livres pour les indemnités & cas imprévus. Le projet a été foumis à l'Académie des Sciences. MM. les Commiffaires qu'elle a chargés d'examiner mon projet, font MM. l'abbé le Boffut, Coulomb, & le Marquis de Condorcet. Ces Commiffaires ont regardé le projet comme bien conçu, & les avantages de fon exécution démontrés. Je fupprime les chofes honnêtes qu'ils ont ajoutées dans la lettre qu'ils m'ont fait l'honneur de m'écrire à ce fujet, date du 5 Septembre 1782.

J'AJOUTERAI une fimple réflexion. Le détail eftimatif que j'ai dreffé pour plus du quart des ouvrages à faire pour la totalité du projet général, ne montant qu'à cent dix mille livres, on voit combien mérite de confiance, l'eftimation que j'avois portée, par un fimple apperçu, à quatre cent cinquante mille livres. J'ai néanmoins affigné un prix très-haut pour tous les ouvrages, & il eft à préfumer qu'il y auroit une diminution fur le montant du devis, s'il étoit donné en adjudication.

JE ferai encore remarquer qu'ayant démontré l'inutilité des arches de la levée de St. Laurent-lez-Mâcon, & que le bénéfice que retireroit la Province, de la fuppreffion de ces arches, feroit de deux-cent mille livres, la totalité des dépenfes à faire pour l'exécution du projet général, fe réduit à deux-cent-cinquante mille livres, pour laquelle fomme on peut raifonnablement efpérer trois millions de produit annuel.

Le 30 Octobre 1782.

MÉMOIRE

RELATIF

AUX TRAVAUX

PERRACHE.

MÉMOIRE

RELATIF

AUX TRAVAUX PERRACHE.

LORSQU'ON examine les travaux Perrache, on ne fait fi l'on doit être plus étonné, ou de la grandeur du projet, ou des fautes multipliées qui fe font remarquer dans fon exécution. L'œil parcourt avec furprife les bénéfices immenfes que les Entrepreneurs fe promettoient, & l'on a peine à concevoir qu'une affaire auffi importante, ait été dirigée fans réflexion, fans enfemble dans les moyens qu'il falloit employer pour retenir ces mêmes bénéfices. A la vérité la théorie auroit difficilement déterminé les événements qui ont occafionné des dépenfes confidérables fur lefquelles on n'avoit pas compté. Mais la théorie ne fut pas même confultée. La magnificence du projet Perrache, avoit féduit les bailleurs de fonds. Le genre de talents de M. Perrache, talents (*) qui conduifent fouvent à la perfuafion qu'on peut tout efpérer de celui qui les poffède, avoit ébloui.

____

(*) M. Perrache deffinoit très-bien, & s'étoit principalement adonné à la fculpture.

L'Adminiſtration plus éclairée, avoit indiqué des Ingénieurs pour conſeiller la compagnie. L'idée de luxe que ces Ingénieurs faiſoient paroître dans tous les ouvrages qu'ils dirigeoient, portoit à faire oublier que ſouvent la ſolidité ne peut s'acquérir qu'avec beaucoup de dépenſe. La compagnie avoit reconnue que ſes intérêts ne ſe calculoient pas ſur les mêmes principes des intérêts de l'Etat. M. Perrache prêchoit l'économie. La compagnie fut enyvrée par le ſuccès de la conſtruction de la chauſſée du Rhône, & en général par la grande intelligence que M. Perrache montra dans toutes les occaſions où le génie pouvoit ſuppléer aux connoiſſances qui lui manquoient dans une ſcience peu développée (*) & dont les phénomenes qu'elle explique paroiſſent toujours nouveaux, tant l'eſprit a peine à les ſaiſir. Je veux parler de la propriété des fluides.

CEPENDANT pluſieurs travaux ruinés ſucceſſivement, prouverent à M. Perrache qu'il avoit beſoin de conſeils. Il appella à ſon ſecours un habile Ingénieur, que la querelle de M. Soufflot avec M. Patte avoit fait connoître par le ſavant Mémoire qu'il publia pour démontrer les erreurs de M. Patte. Malheureuſement il eſt rare que l'on ſaiſiſſe parfaitement l'enſemble d'un projet qu'on n'a pas imaginé. Les conſeils donnés à M. Perrache furent inſuffiſants. A une premiere dépenſe, ſuccéda une autre dépenſe; un ouvrage ordonné à peine étoit-il fini, qu'il étoit détruit, emporté, ou démontré inutile; & par une fatalité qui a peu d'exemple, depuis la mort de M. Perrache, chaque nouvel ouvrage a eu le même ſort. C'eſt ainſi qu'on a vu le pont de la priſe d'eau du Rhône, emporté quatre fois; les portes de la Saone auſſi-tôt renverſées qu'elles furent miſes en place, le corps des moulins changé pluſieurs fois, les quais voutés de la Saone s'écrouler au déceintre-

(*) M. l'abbé le Boſſut, académicien célébre, n'avoit pas encore publié ſon Hydrodynamique.

(3)

ment , les canaux de dérivation des moulins , reconnus
inutiles. Le pont même de la Mulotiere, pont deftiné à faire
époque dans les arts, pont dont la folidité pouvoit fe démontrer, & où la décoration , fi ce mot doit trouver place dans
un ouvrage dont l'utilité eft le feul mérite , fe trouve
néceffairement liée à l'économie ; le pont de la Mulotiere
enfin, par des négligences impardonnables, par des économies mal entendues , court les mêmes rifques , fi l'on n'y
apporte un remede très-prompt. On devroit fur-tout regretter
dans la chûte de ce pont, la deftruction du nouveau fyftême
d'après lequel il a été conftruit, puifque ce pont fondé à
32 pieds fous l'eau, d'un appareil magnifique , reviendra
au plus à deux cent cinquante mille livres, tandis qu'un
autre pont projetté fur la même riviere, à une demi lieue
au deffus, reviendra à quatre cent cinquante mille livres,
quoique les piles feulement foient en pierre , & les travées
en bois.

C'est avec regret que je retrace à la Compagnie, les
caufes de fes pertes. A Dieu ne plaife que l'efprit de critique
dicte ce Mémoire! Mais il faut des exemples frappants pour
arrêter toute objection minutieufe ; qui, bien loin de couper
le mal, le feroit empirer. Plus un projet eft magnifique , plus
il exige de fageffe dans fa conduite. Le projet Perrache pré-
fentera à l'avenir, à toute Compagnie qui entreprendroit de
femblables projets, des réflexions utiles. Il fera intéreffant de
les développer. Heureufement rien n'eft affez defefpéré, pour
que l'on ne puiffe ramener l'affaire à bien. Depuis cinq ans
j'en ai reconnu la poffibilité. J'ai effayé d'en parler à plufieurs
des intéreffés ; j'ai rencontré par-tout une telle fuffifance , que
je me fuis bien gardé de rien confeiller. L'aventure de M. de
Montribloud ; les fuites qui en font réfultées pour la Compagnie Perrache, rendent très-preffants de nouveaux confeils.
L'intérêt que doit exciter la pofition cruelle de la Compagnie,
la fortune de plufieurs citoyens eftimables, que l'on voit près

d'être engloutie, me détermine à renouveller les propofitions que j'adreffai indirectement à M. le Comte de Laurencin, dès le printems dernier.

JE FERAI du projet Perrache, un projet plus magnifique pour la ville de Lyon. Les moulins feront rétablis tels que M. Perrache fe l'étoit propofé. Je procurerai un objet de bénéfice très-confidérable, qui n'avoit pas été apperçu. Je mettrai la Compagnie dans le cas d'obtenir les fecours du Gouvernement, parce que fous une adminiftration éclairée, on doit tout efpérer dès que la juftice & la vérité feront la bafe des réclamations des actionnaires. Par une fuite du nouveau projet, les terreins prendront une nouvelle valeur. La folidité de la chauffée du Rhône & du pont de la Mulotiere fera plus affurée, fi au moment où la Compagnie acceptera mon projet, il en eft encore temps.

TOUS mes moyens feront foumis, avant leur exécution, à l'Académie des Sciences. Mais avant cet examen, il faut que la Compagnie s'engage à faire quatre à cinq cent mille livres de fonds dans une feule campagne. On croit cette fomme fuffifante pour rétablir fon crédit. Son crédit rétabli, je lui demanderai un autre million, pour lui faire obtenir un bénéfice de plufieurs millions. Cette derniere fpéculation regardera principalement les terreins, dont une partie furtout, prendra une valeur confidérable. Il feroit jufte d'après cet expofé, que l'on remît en maffe tous les terreins dejà divifés, pour être partagés de nouveau.

IL RÉSULTE de mon projet, que la Compagnie Perrache aura manqué à bénéficier d'environ trois millions, fomme qu'elle eût gagné de plus, fi dès le commencement des travaux, M. Perrache eût apperçu les moyens que je confeillerai. Mais comme le bénéfice préfenté par M Perrache, étoit de plus de fix millions, la Compagnie doit trouver dans ma propofition,

(5)

la rentrée de ſes fonds, & pluſieurs millions de bénéfice. En effet, je crois pouvoir aſſurer qu'en 1784, le revenu de la Compagnie ſera porté à plus de deux cent mille livres, indépendamment de tous les terreins qu'elle a acquis, & qui prendront à cette époque une toute autre valeur.

MA PROPOSITION tend donc à tirer la Compagnie d'un naufrage certain, puiſqu'il eſt vrai de dire que chaque année elle doit s'endetter de plus en plus, ſans avoir aucune eſpérance de pouvoir ſe libérer, & que ſa poſition eſt telle qu'on pourroit la comparer à un pere de famille qui n'auroit pour toute fortune qu'un monceau d'or, dont la moitié ſeulement lui appartiendroit, & qu'on verroit, au lieu d'abandonner cette moitié pour acquitter ſes dettes, & de faire un échange raiſonnable du ſurplus, pour l'aſſurer à ſes enfants, vendre chaque année une portion de cet or, pour payer la rente de ſa créance. Or, cette conduite peu réfléchie lui ſeroit infailliblement reprochée par ſes enfants après ſa mort, & la crainte de ce reproche auroit ſouvent altéré la douceur de ſes jours pendant ſa vie.

CETTE réflexion démontre combien dans les grandes affaires, il eſt déſavantageux de s'arrêter aux petits moyens ſous le prétexte très-ſpécieux d'économie ; car la perte qu'on éprouve par la perte du temps, ſe cumule ſans ceſſe. Les intérêts des ſommes dépenſées doublent & triplent la dépenſe. L'ennui, le dégoût, l'impatience s'empare des actionnaires. De-là, le diſcredit & néceſſairement la ruine prochaine. Au commencement de l'année 1782, on pouvoit employer les moyens que je propoſe pour 1783 ; mais la dépenſe totale au premier Janvier 1782 étoit d'environ quatre millions ; au premier Janvier 1783, elle ſera de quatre millions deux cent mille livres. Voilà donc une ſomme de deux cent mille livres dépenſée en pure perte, & moitié de la ſomme néceſſaire pour opérer dans l'affaire le changement indiqué dans ce

Mémoire. Si l'on continue ce calcul on eft néceffairement effrayé.

Au reste, il eft probable que la trifte expérience que fait la Compagnie Perrache de la vérité de ce raifonnement, l'aura convaincue, qu'elle n'a pas un inftant à perdre pour prendre un parti définitif; que plus elle différera d'abandonner les petits moyens, *que j'ofe dire inutiles*, qu'elle emploie, plus elle accéléra fa ruine; qu'enfin il faut un grand effort pour donner la vie à ce magnifique projet, projet fait pour intéreffer non-feulement la ville de Lyon, mais le commerce en général, & conféquemment le gouvernement, dont on eft en droit de réclamer fecours & protection.

Ce 30 Octobre 1782.

EXTRAIT DES REGISTRES

DE L'ACADÉMIE ROYALE DES SCIENCES,

Du premier Juin mil sept cent quatre-vingt-un.

Nous avons examiné, par ordre de l'Académie, un Ouvrage intitulé : *la Science des Canaux navigables*, par M. DE FER, ...

Cet Ouvrage est divisé en quatre Parties. L'Auteur traite dans la première du Canal de Languedoc, de la navigation du Rhône & de la jonction de deux Mers en général. Il expose dans la seconde la Théorie de la distribution des chûtes des Ecluses, ou le moyen d'estimer la quantité d'eau nécessaire à un Canal de navigation, & il examine d'après ces principes ce qu'il y auroit à faire pour perfectionner la navigation des Canaux de Briare, d'Orléans & de Loing. Dans la troisième, il est question de la jonction du Rhône à la Loire, & principalement du Canal de Charolois. Enfin dans la quatrième Partie, l'Auteur discute les moyens économiques de faciliter la construction des Canaux de navigation. Nous ferons ensorte de donner une idée de ce que cet Ouvrage renferme de neuf & d'utile.

On ne peut constater la possibilité d'un projet de Canal de navigation, qui doit comprendre plusieurs Ecluses, sans s'assurer d'abord de la dépense de l'eau résultante du passage des bateaux. Ne suffit-il pas pour cela de connoître l'espacement & la nature des Ecluses qui peuvent être simples, ou accolées, & de différentes grandeurs ? Ne doit-on faire

A

aucune attention à l'ordre que les bateaux peuvent obferver dans leur paffage ? Pour repondre à ces queftions de la manière la plus fimple, M. de Fer commence par examiner le cas où les Eclufes étant égales, convenablement efpacées & fuppofées pleines, un feul bateau auroit à traverfer le Canal. Il démontre que ce bateau ne peut dépenfer qu'une éclufée du point de partage, & qu'il n'en dépenfera pas davantage en repaffant le Canal. Mais fi dans le fecond trajet, où les Eclufes de l'autre côté du point de partage font vuides, le bateau étoit fuivi de plufieurs autres, chaque bateau qui fuivroit, coûteroit deux éclufées au point de partage. Ajoutons aux conditions précédentes que fi les Eclufes font de différentes grandeurs, alors il faudra compter la dépenfe de l'eau par la plus grande éclufée ; & fi la plus grande Eclufe d'un côté du point de partage étant plus ou moins grande que la plus grande Eclufe de l'autre côté, on fuppofoit en même tems qu'il ne dût pas paffer le même nombre de bateaux dans un fens que dans l'autre, il faudroit avoir égard à toutes ces conditions. Voici la règle que M. de Fer donne dans ce cas ; il doit coûter pour chaque bateau plus ou moins d'éclufées, felon qu'il paffe plus ou moins de bateaux dans un fens que dans l'autre ; il faudra multiplier par ce nombre d'éclufées la moitié des toifes-cubes d'eau que contiennent les deux plus grandes Eclufes ; j'entends la plus grande d'un côté du point de partage & la plus grande de l'autre, & divifer le produit par le nombre, augmenté d'une unité des bateaux qui doivent paffer du côté le plus fuivi du Canal ; le quotient fera la quantité de toifes-cubes d'eau que dépenfe le point de partage. L'eftimation de cette dépenfe devient plus compliquée, lorfqu'on fuppofe que le Canal a des Eclufes accolées. Mais tous les calculs de M. de Fer tendent à prouver que ces fortes d'Eclufes ne peuvent être qu'infiniment défavantageu- fes, excepté toutes fois le cas très-rare où l'on ne pourroit donner qu'une hauteur confidérable aux chûtes des Eclufes fimples. Cette hauteur devant être fixée à huit pieds pour la plus grande, il faudra, par exemple, préférer deux Eclufes accolées de chacune fix pieds de chûte à une feule Eclufe de douze pieds. Quoiqu'il en foit, la quantité d'eau néceffaire à un Canal de navigation fera la moindre poffible, lorfqu'on n'aura donné aux chûtes des Eclufes que la hauteur indifpen- fable ; lorfqu'on n'aura employé que des Eclufes fimples, à-peu-près de même grandeur & de capacité fuffifante pour contenir un feul bateau ; & enfin lorfque ces Eclufes auront été efpacées de manière que chaque retenue, outre l'eau qu'elle renferme, puiffe recevoir toute celle de l'Eclufe fupé- rieure. On pouroit objecter que plus les chûtes des Eclufes font petites, plus elles font multipliées, plus le projet du Canal devient coûteux, & plus on met de tems à le par- courir. M. de Fer répond à la première objection, qu'une Eclufe exige d'autant plus de folidité qu'elle a plus de chûte, & que tout étant égal d'ailleurs, un nombre d'Eclufes, quatre par exemple, chacune de trois pieds de chûtes, ne coûteront pas beaucoup plus à conftruire que deux Eclufes chacune de fix pieds de chûte, ou qu'une feule de douze. Il répond à la feconde, que le tems qu'on mettra de plus à parcourir le Canal, diftribué comme cela doit être fur toutes les jour- nées de navigation, ne fera jamais une différence fenfible.

D'après cette théorie de la diftribution des chûtes des Eclufes que M. de Fer a bien détaillée, & qu'on lira avec plaifir dans fon Ouvrage, il examine les différens travaux des Canaux de navigation les plus connus; il en difcute avec beaucoup d'intelligence les avantages & les inconvéniens. En parcourant le Canal de Briare, il y rencontre un très-grand nombre d'Eclufes accolées, telles que celles de Rogny, dout la chûte totale eft de 71 pieds 7 pouces, qu'il fera facile de partager en Eclufes fimples de 6 à 7 pieds de chûte, efpacées de 100 toifes. Si, de plus, on abbaiffe le point de partage de 7 pieds & demi, ce qui permettra de fupprimer les Eclufes de la Gazonne & du Rondeau, les plus grandes du Canal & la première des Eclufes accolées de Rogny, la pente de la Rigole de Saint-Privé, qui n'eft que de 5 pieds fur 10676 toifes de longueur, fera porté à 12 pieds 6 pouces, d'où il réfultera une augmentation de viteffe pour les eaux amenées par cette rigole au point de partage. Il fuffira de ces changemens faits au Canal pour que les eaux du point de partage fourniffent au paffage de 15000 bateaux tant montans que defcendans, s'il eft prouvé que dans l'état actuel elles peuvent fournir au paffage de 3000 bateaux.

Le Canal de Languedoc eft un de ces ouvrages publics confacrés par l'eftime & la reconnoiffance de la Nation. Il a été conftruit dans la vue de joindre les deux mers. Ce but eft-il parfaitement rempli ? On pourra le croire, dit M. de Fer, lorfqu'on ne connoîtra pas la difficulté d'aborder les Ports de Cette & d'Agde, & de naviguer dans l'étang de Thau, la rapidité de la Garonne & fes écueils; lorfqu'on ignorera les entraves de la navigation dans le Canal même réfultantes des différentes rivieres qui y font reçues ou qui le traverfent, entraves telles que le Canal eft à peine navigable un tiers de l'année; lorfqu'on n'en aura pas affez examiné le tracé général pour pouvoir fe demander : qui a pu déterminer la conftruction de l'Eclufe ronde d'Agde & du radeau de Libron ? Pourquoi laiffe-t-on entrer dans le Canal les rivieres d'Hérault & d'Orb ? Pourquoi les torrens de Frefquel & d'Ognon y font-ils reçus ? Pourquoi les huit Eclufes accolées de Béfiers & la grande retenue de Fonferane ?

Cette retenue n'a été imaginée que pour ne point faire entrer le Canal dans la riviere d'Aude. Il a fallu l'établir dans la plus grande partie de fa longueur fur des côteaux d'une pente très-roide. D'où il fuit une perte d'eau confidérable, occafionnée par les filtrations qui fe font du côté des remblais, des enfablemens inévitables par la quantité des eaux fauvages qui y tombent, des dégradations, & que l'eau y eft ftagnante & prefque fans mouvement lors même du jeu des Eclufes. Cette ftagnation des eaux y laiffe croître une quantité prodigieufe d'herbes qui arrêteroient la navigation, fi on n'apportoit le plus grand foin à les couper ou à les arracher à l'aide de machines très-ingénieufes. Ajoutons à tous ces inconvéniens, que cette retenue a néceffité le percement du feuil de Malpas & les huit Eclufes accolées de Béfiers, qui occafionnent une dépenfe d'eau octuple de celle qui auroit lieu fi ces Eclufes étoient défacolées.

M. de Fer examine avec le même foin les autres parties du Canal du Languedoc. Il difcute enfuite plufieurs projets ingénieufement imaginés pour remplir l'idée de la jonction des deux mers. Tel eft celui d'un Canal de Marfeille à Bordeaux. Il auroit fon embouchure dans la Méditerrannée au Port de Marfeille, d'où il remonteroit à Tarafcon, & de-là il feroit conduit à Agde, après avoir franchi le Rhône par Beaucaire, Aiguesmortes, Cette & l'Etang de Thau. Entrant alors dans le Canal de Languedoc, il le fuivroit jufqu'à

Touloufe, d'où il defcendroit à Moffac & Bordeaux,en fe foutenant le long des bords de la Garonne, au-deffus des crues de ce torrent, dont les eaux ferviroient à l'alimenter fans qu'il eût à en redouter les effets.

Il fe préfente une queftion qui mérite d'être difcutée. Eft-il quelquefois avantageux de fubftituer des Canaux artificiels aux rivieres navigables? Il feroit fans doute abfurde de remplacer par un Canal une riviere qui auroit toujours à peu près la même quantité d'eau, & dont le courant n'auroit qu'une viteffe infenfible. Mais peu de rivieres de France font dans ce cas ; la Seine & la Saône elles-mêmes ont des crues d'eau qui n'étant pas périodiques caufent des torts confidérables au commerce. M. de Fer, dans fes calculs, prend pour exemple la Garonne ,qu'il fuppofe débarraffée de fes écueils & ayant des chemins de hallages pratiquables. Tout cela fuppofé, il examine fi dans le projet d'un Canal de Bordeaux à Marfeille, on doit fuivre le cours de cette riviere de Bordeaux à Touloufe, & fes réfultats prouvent invinciblement qu'il y aura beaucoup plus d'avantage à ne pas difcontinuer le Canal.

Les deux premières Parties de l'ouvrage de M. de Fer, renferment plufieurs autres chofes intéreffantes dont nous ne pouvons pas même donner une idée. Nous ne citerons de la troifième qu'une feule remarque qui tient à la théorie de la diftribution des chûtes des Eclufes : c'eft qu'il eft de la plus grande importance d'empêcher toute variation dans les retenues. Les conftructeurs du Canal de Givors, ont crû pouvoir remédier à un inconvénient femblable, en faifant contenir aux fas de leurs Eclufes une égale quantité d'eau. Mais cela les ayant obligé d'augmenter la longueur de plufieurs, relativement à la hauteur des chûtes, & cette plus grande lon-

gueur étant abfolument inutile, il en a réfulté une dépenfe
en pure perte. M. de Fer ajoûte que ce ne font pas les feules
fautes qu'on puiffe appercevoir dans le tracé du Canal de Givors. Entr'autres exemples, il cite le percement d'un rocher
de 10; toifes de longueur, qu'on auroit pu éviter en diftri-
buant différemment les Eclufes les plus proches.

La quatrième Partie de l'ouvrage dont nous rendons compte,
traite des moyens économiques de faciliter la conftruction des
Canaux de navigation. Nous n'y avons trouvé que des re-
marques intéreffantes & vraies. L'ouvrage entier renferme des
réflexions neuves & utiles; il peut contribuer aux progrès de
la fcience des Canaux navigables, & par-là nous le croyons
digne d'être publié fous le Privilege de l'Académie.

Au Louvre, ce premier Juin 1781. LALANDE, BOSSUT,
COUSIN.

*Je certifie le préfent Extrait conforme à l'original & au juge-
ment de l'Académie. A Paris, ce quinze Juin 1781,*

Le Marquis DE CONDORCET.

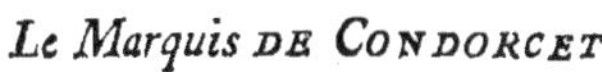

De l'Imprimerie de CAILLEAU, rue Saint-Severin. 1781.

www.ingramcontent.com/pod-product-compliance
Ingram Content Group UK Ltd.
Pitfield, Milton Keynes, MK11 3LW, UK
UKHW020916140726
13695UKWH00006B/2560